如果在海边，我有一座老房子

［加］旺达·巴克斯特　著

［加］凯特·弗里克·米勒　绘

潘禾　译

SPM

南方出版传媒

广东经济出版社

—广州—

图书在版编目（CIP）数据

如果在海边，我有一座老房子 /（加）旺达 · 巴克斯特著；（加）凯特 · 弗里克 · 米勒绘；潘禾译. —广州：广东经济出版社，2019.9

ISBN 978-7-5454-6776-5

Ⅰ. ①如… Ⅱ. ①旺… ②凯… ③潘… Ⅲ. ①抒情散文—散文集—加拿大—现代 Ⅳ. ①I711.65

中国版本图书馆CIP数据核字（2019）第169455号

版权登记号：19-2019-115

出 版 人：李　鹏
责任编辑：张晶晶
责任技编：许伟斌
封面设计：何汝清

如果在海边，我有一座老房子
RUGUO ZAI HAIBIAN, WO YOU YIZUO LAOFANGZI
［加］旺达·巴克斯特　著；［加］凯特·弗里克·米勒　绘
潘禾　译

出版发行	广东经济出版社（广州市环市东路水荫路11号11—12楼）
经销	全国新华书店
印刷	广州市岭美文化科技有限公司（广州荔湾区花地大道南海南工商贸易区A幢）
开本	889毫米×1194毫米　1/24
印张	2.75
字数	20 000字
版次	2019年9月第1版
印次	2019年9月第1次
书号	ISBN 978-7-5454-6776-5
定价	49.80元

如发现印装质量问题，影响阅读，请与承印厂联系调换。
发行部地址：广州市环市东路水荫路 11 号 11 楼
电话：（020）38306055　37601950　邮政编码：510075
邮购地址：广州市环市东路水荫路 11 号 11 楼
电话：（020）37601950　营销网址：**http://www.gebook.com**
广东经济出版社新浪官方微博：**http://e.weibo.com/gebook**
广东经济出版社常年法律顾问：胡志海律师

这样一座老房子，我想，它从不属于任何人，

也没有任何人属于它。

——格拉迪斯·泰伯

一见钟情

如果在海边，我有一座老房子，我会对它一见钟情。

它会死死地抓住我的心，永不放开。

它就如梦里闪现的那般模样，

出现在一条铺满枫树叶的小巷尽头。

在老房子的下面，斜躺着一片干草地，两边是飘满花香的小径。

还有一条宽到跳不过去的小河，

弯弯曲曲地从羊齿草和挺拔的白松旁流过。

清晨，我会坐在那里，捧一杯咖啡，再和小猫咪们一起思索——在这片荒芜中，

是怎么生出这片景象的？

阁楼里藏着一张被遗忘的老照片，那是一张鸟瞰图：

看得见这座老房子和陈旧的谷仓，还看得见苹果树、梨树、樱桃树，

它们就那样静静地立在房子的后面。

远处，隐约闪现着大海。

如果我有这样一座老房子，那么我会想知道在我之前，谁住在这？

在他之前，又是谁住在这？

就这样一直追溯，直到找到那个最初拥有它的人。

我会在入口处放一块小牌子，

上面记录着历任主人的姓名和他们拥有这座老房子的日期。

我还要找出那些最初栖息在这片土地上的密克玛克人[1]。

[1] 密克玛克人（Mi' kmaq people/Micmac），是居住在加拿大东部沿海各省的一支印第安人。从历史上看，密克玛克人可能是在北美洲最初被发现的印第安人。

入口

它的入口……嗯……可能是一条长长的梯道，

由厚厚的石板组成，被小心地排列着，再用灰泥砌成一级一级的样子。

大门上会有一个手工制成的重重的门槌，

就像你在城堡中看到的那样。

要有一扇网纱门，

那么它就可以把夏天五彩斑斓的光还有微风带给我；

它还能在第一时间告诉我，冬天结束了。

门口还要挂上一个枯木风铃，这样远远地就能听到清脆的响声，

那声音是飘浮在空中的，像有魔法一般，

仿佛能变出青蛙、灯塔，还有海豹。

如果在海边，我有一座老房子，门口一定要摆满了去海边的纪念品，

像各种各样的贝壳，还有我喜欢的石头们。

我会收集一整瓶的海玻璃，就把它放在门的那边，

每次当我回家时，都可以从口袋里掏出几颗，丢进去。

这是一座可以被漆上任意颜色的老房子

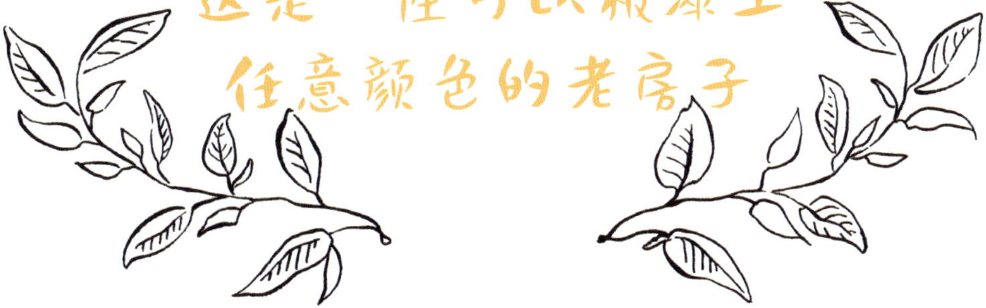

如果在海边，我有一座老房子，我想要它充满大胆的颜色，

来对抗冬天一般的冷灰色。

可以在宝蓝色的底色上用橙黄色做装饰，醒目又亮眼，

就如漂浮着航标的海面一般。

房子里，我想画出复古的感觉，要用暗哑的传统色彩去装饰墙面。

其他的墙面要薄薄地涂上一层白色，

白色干净又明亮，就可以消散低矮的天花板、

木梁以及地板带来的暗沉感。

粉刷清单

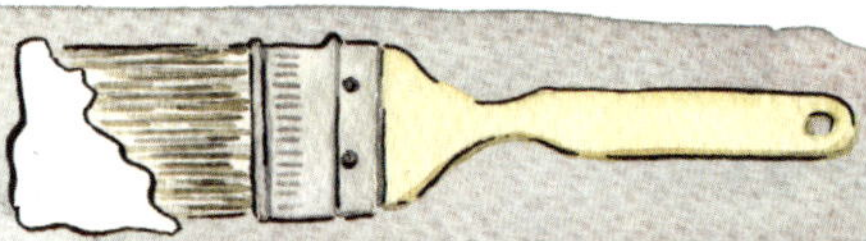

可选择的：有些人会加入黑糖蜜来增加黏性。

方法：

首先，戴好你的护目镜，再小心地以5：1的比例混合水和熟石灰粉，还要加入一些盐，放在桶里搅拌，直到变成糊状（如果太稀的话，就再加一些熟石灰粉）。

一直刷呀刷，直到墙面变成漂亮的白色。等到墙面变成平滑的乳白色后，再多涂上一层或两层，这样它才可以保持很长时间。

如果旧墙壁会说话……

它们会讲述过去的故事，讲述属于这座老房子的艰难岁月。

一张墙纸的下面，是另一张墙纸，再下面，又会是另一张——或许，会有十张甚至更多的墙纸。它们留下了旧墙纸的模样，也留下了过去住在这里的人们的故事。

这些墙壁能挡得住穿堂风，因为它的绝缘层很厚实：木板衬里上贴着桦树皮，还有混合着马尾毛和稻草的石膏层。这样，厚实的墙体和小小的窗户就可以把寒冷挡在外面，把温暖留在里面。

怎样制作以及使用墙体模板

在墙纸被发明出来以前，人们会通过一个冗长、乏味的手工制作过程来装饰墙面。如果我有一座老房子，这值得一试。

1 找出一个你喜欢的又足够简单的样式，这样就能保证在墙面上重复排列时的整体效果。

2 在模板上用刻刀刻出图案的形状，尽可能地保证图形的边边角角被裁切得干净、整齐，这样印出来的效果才会好。

3 在墙上量出放置图形的适当距离，并做好标记。

4 一只手用力地将模板按压在墙面上，另一只手用来涂抹。这种情况下，一只小巧的、顶部尖尖的刷子会帮你把边边角角都刷得很好。

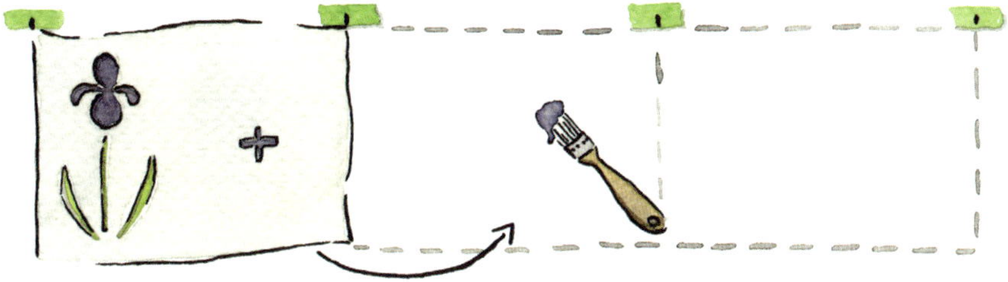

5 刷完后按住模板不要动，停留几秒，等颜料稍微凝固，再小心地移开模板。然后你可以看到你喜欢的图形就这样出现啦！（最好是这样。如果没有涂好，那就快速擦掉，再试一次。）

6 将模板再放到下一处，再来一次。一直这样重复，最终你会拥有一面漂亮的、让你得意的印花墙面。

7 一般而言，同一面墙只能这样装饰一次。你要喜欢你最初的劳动成果。

如果旧墙壁会说话，它们会讲出很多很多故事。那是属于曾经住在这里的人们的故事：他们的努力，他们的幸福，他们的梦想，他们的秘密，还有他们的悲伤。

如果旧墙壁会说话，可能是因为里面住着一只幽灵。

如何清理老房子里的幽灵

有很多关于如何“驱赶”老房子里的幽灵的理论，如果你的房子里有一只幽灵，或者想象一下可能有，那么你就可以试试以下这些方法：

1 沿着老房子的四周走动，边走边撒盐，脑海里还要想着积极的想法。

2 表演一个“火把仪式”（一种原住民的传统精神仪式）。带着敬意，燃烧鼠尾草火把，好让积极的精神力量来照看你的房子。

3 试试“从电影中学习”的方法：和幽灵交谈。告诉幽灵，它已经死了！不要再住在这里了！是时候去其他的地方了！你的言语要很坚定，但又要很友善。

4 请一个专业的“驱魔师”，可以是一个修女或者是其他神职工作者，来进行一场驱赶幽灵的仪式。

5 试着和幽灵一起愉快地生活吧！或许幽灵会很有趣，有时还会是你最好的伴儿。

6 如果你不确定哪种方法管用，那就把上面几种方法都试试吧！

老房子是一本传记。

它用过去残留着的物品讲述着这里的历史和故事：

若干方头平钉，一只旧的陶制墨水罐，

生锈的马蹄铁，来复枪的木制枪托，散落一地的碎陶片，

还有一段嵌入树干的带刺铁丝围栏。

木制横梁和石头凿成的大锅炉（好帮助人们度过冬天）横在房子中间，房子后面的山坡上还挖了一口深井。石头堆起了地界线，边上还种着山楂树和白杨树。

地下室是由大块的岩石一块一块砌起来的，堆到地面以上一点点。地下室十分阴冷，可以用来储存块根状食物、罐头、苹果酒、枫糖蜜，还有各种其他的酒。

如果我有一座老房子，它可能需要翻新——就像所有老房子那样。

但不管怎样翻新，我都不会改变它原本的样子。

翻新有时候并不那么简单——比如说，当你准备卸下壁橱时，

会发现一条钢制的支撑梁就那样横在房间的中央。

当然，花多一点儿时间，你就能做出有创意的设计。

如何将支撑梁“藏”起来

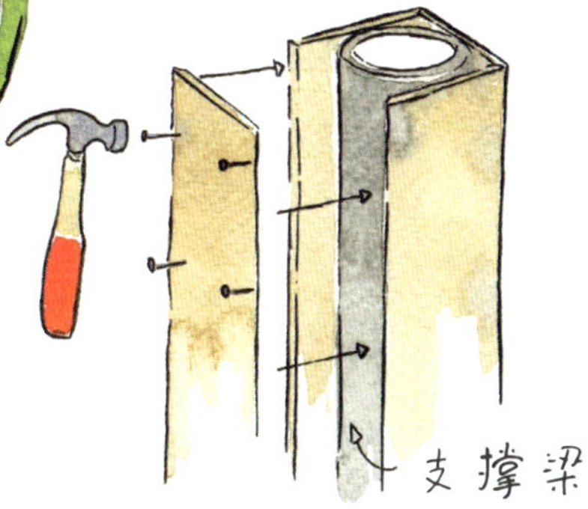

1 退后一步，好好观察这根支撑梁，想一下你可以用哪些方法来伪装它。大概写下可参考的方法。

2 选出你最喜欢的方法，进一步地改进它。我们假设一下，你选择做一个带有禅意的开放式书架来伪装支撑梁，好让阳光能透进房间。

3 用木板搭成一个方形框架，将支撑梁围起来。再隔一段距离，搭起一个一样的方形框架。

4 在搭好的框架之间架上3到4块已经上好色的层板。然后给其他地方也涂上颜色。

5 就这样忘了那根支撑梁的存在吧！

在大厅里，会奇迹般地出现一个带烤箱的壁炉：圆边的古典主义的红砖块排列成了一个完美的倒U形。红砖块砌成了一个冰屋的形状，好让火熊熊燃烧，当火燃烧殆尽，就变成了一个烤箱。

我们可以用它来做砖灶比萨，或用来烤制蔬菜，或者，做一个专属于老房子的家庭面包。

我渴望拥有一间厨房

那是一间……早晨会有明亮的日光透过白色

蕾丝边的窗帘倾泻下来的厨房。

这间厨房会是这座房子的中心，一如既往。

厨房里会有一个很深的瓷质水槽，

防溅背板是由碎瓷片和海玻璃拼成的马赛克样式，

开放式的座位区装得下很多人。

厨房里还会有铸铁锅、铜质的炉子、一块老屠夫式的砧板，

这里将是大家一起烹饪并享用美食的最好的地方——

当然，挤一挤的话还可以在厨房里办一场派对。

要有用来种植物的地方

如果我有一座老房子，这儿可能有一块需要被起死回生的花园地，

或许，还需要开辟出更大的地方用来种植物。

第一年，静静地等待花开（因为不知道哪种植物会先开花），

这会让人感到兴奋。

黄色的连翘可能第一个盛开。

令人惊讶的是，接下来白头翁花（或草原藏红花）会成簇地盛开，淡紫色就这样填满了早春。

然后，热烈的橙红色罂粟花会盛开；

接着，篱笆旁就会飘满紫丁香的味道。

再然后会是藏红花、水仙花和扬起头的郁金香。

还有华丽的杜鹃花，猛地一下子就开了。

接着是紫色百合花，落满一地的夹竹桃花，还有“庄严”盛开的紫藤花，有紫的，有白的，像一个个花环似的挂在花架上。

枫树叶像直升机一样飘落下来，蒲公英挤满了整个草坪，蔓生的紫罗兰丛在日光中绽放。

樱花树、苹果树和草莓都开花了。

朱顶兰、榅桲也不甘落后，还有野玫瑰的首次亮相。

丛生的树莓、黑莓、蓝莓也紧跟着盛开。

如何制作蔷薇果酱

我超爱蔷薇果酱，用来做果酱的果子和花常常不被人们注意，也不会被用来做什么（鸟儿除外）。蔷薇果很好看，也很好吃，它可能是粉色，也可能是浅橘色，这取决于你什么时候采摘。摘得越早，做出来的果酱越清淡可口；摘得晚的话，做出的果酱尝起来就会更加浓郁。

1 先摘一些蔷薇果。我会在果树丛边缘的地方摘，这个位置的果实会比较多，而且又大又多汁。最好戴上手套，因为会有很多刺。

2 把蔷薇果全倒进煮锅里，再加水，漫过果子就好。接下来就慢慢熬煮吧！可以看情况适时加些水。（可千万别煮干了！）

3 当果子煮到软烂后，用一个土豆捣泥器来捣碎它们。这时若是有点干，就再加些水并煮开。一直捣呀捣，直到看不出果子的形状。

4 把捣烂的果泥全部倒进过滤用的棉布中，扎紧口子，悬挂一晚，让果汁就这样慢慢滴到碗里。第二天，再用棉布过滤一次。

5 用量杯测量好果汁的量后，加入两倍量的糖。（啊噢！就是这样，果汁的含糖量真的很高！）稍微加热一下让糖融化，然后放凉。加入一些果胶和柠檬汁后，就可以倒进准备好的玻璃罐里了。看，多漂亮！尝一点吧！密封好玻璃罐，这样可以保存更长时间。

6 玻璃罐冷却下来后，贴上可爱的标签吧，还可以剪下可爱的图案贴到盖子上。

好看又好吃的蔷薇果酱就做好啦！

栅栏边的蜀葵也开了，淡黄色包围着胭脂粉的花朵整齐地排列着，

阳光一照，就像是透明的一样。

橘红色的加州罂粟花也一波接一波地绽放。

接下来是俄罗斯鼠尾草、僧百合，以及开满山坡的薰衣草、帚石楠。

一直到秋天，各种各样的花会一茬接着一茬地盛开。

如何制作干花花环

葡萄藤花环是装饰老房子的好选择，可以挂在大门上或房门上，或放在房间里，还可以当作礼物送给别人。

1 修剪出8～10条葡萄藤，每条180～240厘米长。最好在葡萄藤休眠的季节采摘，也就是每年的10月到次年的4月，这样藤条就不会有汁液渗出。把所有的叶子和果实都摘掉，但注意要保留卷须。

2 将藤条卷成一个圈，最后的连接处一定要塞紧，防止散开。

3 再用2或3根藤条横向捻在藤条圈上，最后把末端塞进去。

4 把干的薰衣草、香草、莓果、帚石楠花——也就是你花园地里的任何花——用细金属丝缠绕到藤条圈上，或者直接插上去。

5 将花环挂在浴室或房间的门上，或其他地方。还可以用装饰纸把它包起来，当成一个礼物送给朋友。

如果我有一座老房子，我会收拾一下谷仓后面的那一小块长满杂草的土地，在上面种上好多种蔬菜。

先种上老醋栗树、红醋栗树、野玫瑰和覆盆子树，来形成一道天然的边界，再种上豌豆、蚕豆、胡萝卜、洋葱、大蒜和大头菜来做填充。还要种上卷心菜、芦笋、南瓜……哦，还要有草莓和西红柿。

在菜园的中间，要用枯树枝搭起三角形的支架，好让豇豆和香豌豆沿着支架往上长。

如何种植节瓜

如果老房子里有一块花园地，不用来种节瓜，那就可惜了。

1 在肥沃的土地上拢起几个小土堆，把顶部弄平，在每个小土堆上撒上几粒节瓜种子。

2 定期浇水。

3 节瓜的生长速度和最终收获的节瓜数量都会让你惊掉下巴。

4 尽可能多地掌握节瓜的烹饪方法，还可以烤成面包吃。

5 把节瓜送给你身边的人，当然，还可以送给陌生人。

自然环境

如果在海边，我有一座老房子，我想它也要紧挨着森林，

一抬头就可以看到满天的星星。

我会在谷仓的门上悬挂一块面朝上的马蹄铁，来收集好运。也可以朝下放，意思是传递好运。不同的人有不同的做法。

水桶会把从屋檐滴下的雨水收集起来。

君主蝶
白蚊蛱蝶
豹纹蝶
虎凤蝶
黑脉金斑蝶

这座老房子，它不仅仅是人类的家，还是其他野生生物的家。

我会准备一个鸟巢箱吸引燕子来这筑巢，再采一些马利筋花来吸引黑脉金斑蝶，也许蝙蝠也会把这儿当自己的家。

我要种很多水果树，还要种上金莲花、蜂香薄荷、蝴蝶树，好吸引蜜蜂、蝴蝶和各种小鸟。我希望会有绿头蜂在我的楼梯下筑巢——当然，最好不要在夏天。

我想见到豪猪、土拨鼠、小鹿、臭鼬，还有小浣熊。

幸运的话，我还会在夏日的午后见到一只正在果园的后面慵懒地晒着太阳的山猫。

如何酿制枫糖蜜

如果在海边，我有一座老房子，那我想试着酿制枫糖蜜——从人们知道它是甜的并把它当作食物开始，已经过去了数个世纪了。人们发现枫糖蜜的其中一个故事版本是这样的：一个小男孩看见一只松鼠在舔一段断掉的糖枫树上流出的汁液后，他也尝了一下，发现竟然是甜的。

1 首先，你需要找到一棵糖枫树作为你的原材料。

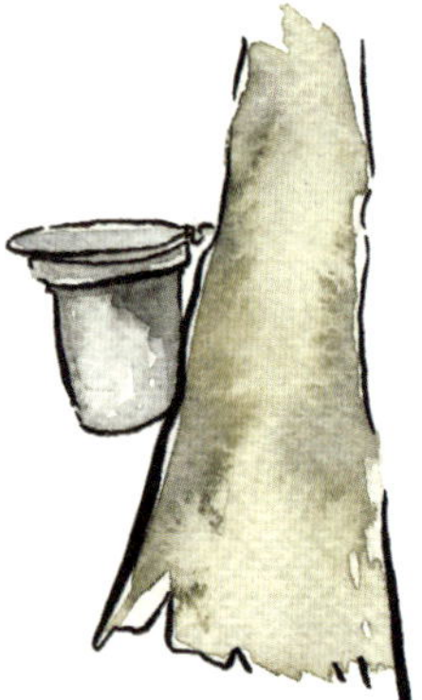

2 每年年末的时候，糖枫树的树干上会自然地流出汁液，这时就可以开始收集啦！

收集之前要先给插管（或是其他类似的管子）消毒，然后用锤子敲开离地面90～120厘米高的树干，再轻轻地把插管插进去（如果你上一年也有收集，那这一次敲开的地方不要和上一年相同）。给插管连上一个木桶，用来装流下来的汁液。

3 把收集的汁液倒进一个更大的容器里，汁液的流出速度决定了你一天至少倒一次，然后尽快开始煮制。煮制的时候做好要一直蹲守在旁边的准备吧。糖枫树汁液大部分（大概97%）是水，所以煮完后只会剩下大概一小瓶的量。最终，你将收获梦寐以求的美味枫糖蜜。

4 过滤一下枫糖蜜，趁热灌进一个消过毒的干净瓶子里，再贴上标签。瞧！枫糖蜜制作完成！

5 接下来，就做一些煎饼，涂上你亲手制作的枫糖蜜吧！

如果我有一座老房子，它可能一直在等待着出现一个鸡棚，等待着悠悠的鸡鸣声。

如果这儿真的有一个鸡棚，那我会饲养不同品种的鸡，这样不仅有利于防止疾病，看上去还会有一种奇异的美感。

它们会下大小各异、颜色各异的蛋，还会悠闲地到处走来走去。

庆祝丰收

如果在海边，我有一座老房子，感恩节的时候这儿会举办一场庆祝丰收的典礼，伴着悠扬的乐曲，朋友们、家人们聚在一起。

来参加典礼的人会是一个大杂烩，有年轻人和老年人，有家人和朋友，以及朋友的朋友，还会有邻居们——大家一起分享美食。

我们会在挨着打草场的那片院子里支起桌子，

这样等到太阳下山时，阳光依然会布满桌面。

最好要有一张红白方格相间的桌布，

还要有各式各样的餐巾纸、刀叉和盘子。

大家会一起分享新榨的苹果汁、陈酿的苹果酒，

以及其他各种各样的酒。

还会有人专门负责烤一只火鸡，也可能会烤好几只火鸡，

这取决于在场有多少人。

晚饭开始前，不用在厨房忙活的人会在草地上玩游戏，比如地掷球，或是足球，还可以是槌球，如果人们有耐心用木槌击木球穿过一连串高低不同的铁框的话。

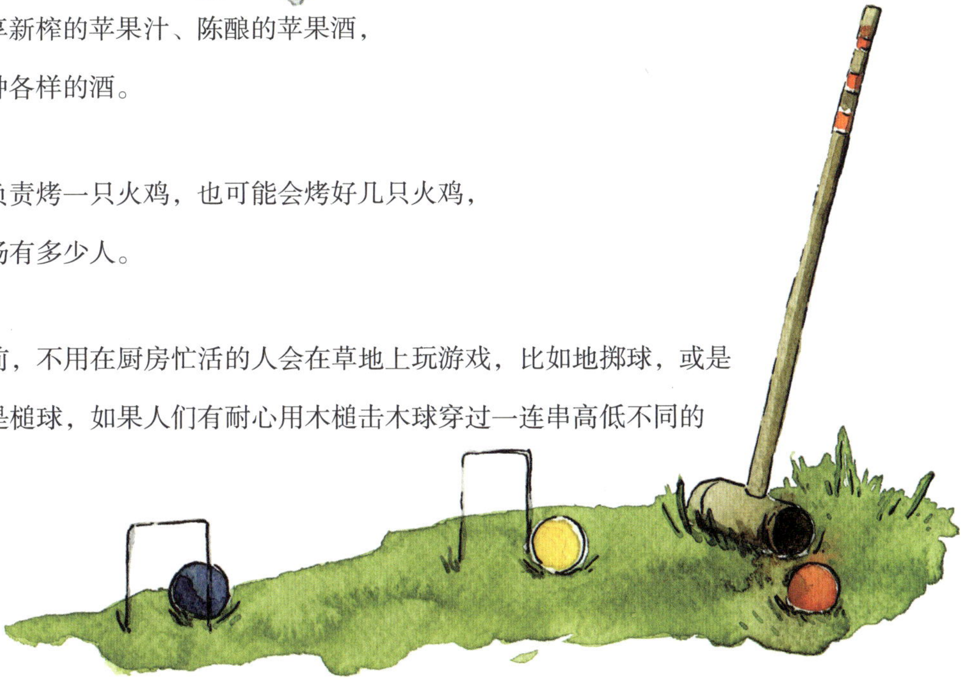

十月，晚熟的那批覆盆子会长熟，

这时就可以请志愿者们来花园地里采摘，当作甜点。

晚餐就会变成一场大家一起庆祝丰收的典礼。

我们会一起举杯向老房子致敬，向这片土地致敬，

向以前生活在这里的人们致敬。

我们要感谢这片土地被大自然创造得如此美丽，

感谢它依然存在，依然可爱。

风雪来临前的准备

如果在海边，我有一座老房子，它将是我在冬天里最舒适的窝，

它会是一方远离尘世的、被温暖拥抱着的天地。

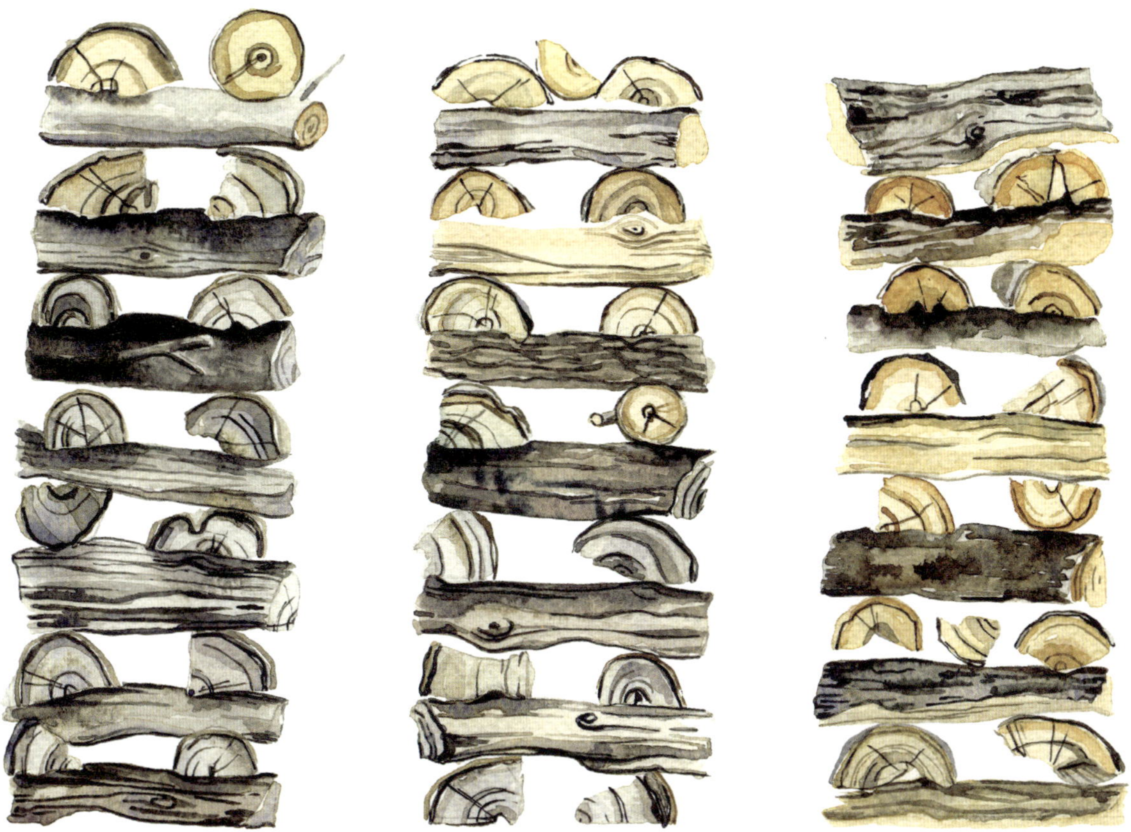

我们首先要为花园地做好过冬准备，像是在柴房里整整齐齐地码上一堆木柴，

用工具把幼小的树包裹起来这些，再安装上风雪防护窗。

然后，就可以走进房子里，

打个盹，休息一会儿……

当雪花漫天飞舞的时候，做一些没做过的梦……